怎麼可能
忘了你

#05

How

can

I

forget

you

序 - 志銘

我有時候不免想像著，如果沒有養貓，我的生活會是什麼樣子呢？或許我會出國留學，或許我會趕在三十歲前去國外打工度假（因為三十歲之後就沒有資格了），這些我曾經的夢想，都一一的因為這些貓咪們而被打破，有時看著朋友們在國外的生活點滴，不免心生羨慕，但轉頭看著窩在身邊的貓咪們，卻又怎麼也狠不下心拋下他們。

想像著如果我不在了，嚕嚕會不會很想我呢？大家會不會記得要餵三腳吃藥？會不會記得要帶貓咪們去做健康檢查呢？其實，這些根本都不需要擔心，狸貓及其他同事對他們的關心不比我少，貓咪們也不是只親我一人，我之所以無法放下貓咪們，單純只是怕自己會很想他們而已。

這次在討論新書書名時，我們列出好幾個選項來挑選，當時看到狸貓提的「怎麼可能忘了你」時，腦袋裡就瞬間蹦出了好多貓咪們的畫面，那些與貓咪們認識到現在的每個片刻，無論是可愛的、調皮的、鬼靈精怪的……每張讓人又愛又恨的臉孔，都讓我再一次認真的回想起，他們的每個不同面向。

一直想透過後宮貓咪們的故事，試圖讓大家更了解貓咪的全貌，這本書大概就是希望繼續達成這個目標吧！但是話說回來，貓咪就像人一樣，一樣米養百樣人，貓咪的全貌難道真的有辦法說得完嗎？

黃阿瑪的
後宮生活
Fumeancats

序 - 狸貓

我身邊有很多朋友很喜歡動物，但大多數都沒有養，不想養的理由除了害怕生離死別外，就是覺得照顧他們很辛苦，因為一養了寵物，你的生活就不再只有你自己而已（廢話），你必須在任何情況都得想到他們。比如說你要出遠門，有好幾天不在家，你要找誰來餵他們？又或者你今天有任何情況沒辦法回家，誰能臨時來幫你照顧他們？甚至是像我們有七隻貓的，最少間隔幾小時就必須清貓砂、放飯一次，更不用說還得花時間陪他們玩、瞭解他們了。

就我自己來說，我是很會操心的人，如果輪到我照顧他們，我只要出門太久，就會開始擔心他們會不會搞亂、噴尿、阿瑪肚子餓去欺負別隻貓，更誇張的是……如果我早上出門傍晚才能回家，我就會擔心因為沒有開燈，他們會感到寂寞害怕（這真的操心太多）。總之，就是一種時時刻刻想到他們的狀態，也因此才有了這次的書名「怎麼可能忘了你」，相信有養寵物的人，一定很懂這種心情吧！

CONTENTS 目錄

FUMEANCATS

01
CAT FACE

醜照大揭露

看膩了貓貓美照？來點醜照吧！

大眼阿瑪 2007 年出生，生日 1 月 7 日，男孩

貓咪是一種幾乎沒有表情的生物，總讓人看不出他們的喜怒哀樂，所以不管發生什麼事情，他們看起來都在裝沒事，簡單來說就是很悶騷又傲嬌。

哈～哈～啊！

朕剛剛做了什麼？

舔舌裝可愛，順便裝沒事。

阿瑪這張醜照，其實也不算醜，就是很奇怪，很破壞貓咪形象的一個表情（貓咪形象保護協會要生氣了啦！）這是在他打呵欠時拍下來的瞬間。貓咪打呵欠其實跟人類差不多，眼睛是會瞇起來的，但為什麼照片裡頭的阿瑪會張開眼睛呢？因為他很難得的一直盯著我看，也許是在看我身後的背後靈吧（？）所以就形成了一邊打哈欠、一邊緊盯著我看的狀態，真不知道他到底看到了什麼（抖）……

嗑藥招弟 2011 年出生，生日 6 月 1 日，女孩

招弟相較於其他貓，更是悶騷到一個極限，稱她為「後宮冷靜王」也不為過。她姿態優美、體態輕盈、行為端正，就是一隻不太會出糗的貓咪，很像是班上或是公司裡的乖乖牌，最乖最乖的那種，所以拍到醜照的機率很低很低，而且也不會太醜。

這兩張照片是在她做出轉身動作的瞬間拍下的，一張是眼神歪斜像嗑了藥，另一張舌頭剛好伸出來，看起來很像是要實測「不彎腰能不能舔到尾巴」，但她其實只是要舔舔毛而已啦。總之，能拍到後宮冷靜王的臉歪嘴斜照，也算是另類的成就達成啦！

咧咧咧⋯⋯

轉頭的一瞬間，
非常可愛（？）

我本貓很正的。

嘴歪三腳 2007 年出生，生日 8 月 4 日，女孩

貓咪最容易出醜的瞬間，真的就是打呵欠的時刻，前面阿瑪打呵欠還算打得滿帥的，但三腳打呵欠的表現，實在讓人看了感到開心呢（？）。

附上一張三腳美照，方便大家做比對，那圓潤的碧綠色雙眸，牽引著嘴邊肉上揚的微笑曲線，堪稱是後宮最美若天仙的貓，而這些美貌，都在打呵欠的瞬間崩毀。呲牙裂嘴、鬍鬚歪斜、微笑曲線蕩然無存，變成像是要吸血的尖牙殭屍，如果這種照片拿去寫送養文，送養率絕對堪憂，所以說若想維護一隻貓的形象，把照片拍好、拍美真的是很重要！

鬼影 Socles

2010 年出生，生日 4 月 20 日，女孩

黑貓黑色素沈澱過多，絕對可算是貓界「最難拍美指數」第一名，拍黑貓時需要充足的光，才能捕捉到完整又不模糊的她，否則就會出現一堆模糊的黑鬼影。下面那幾張就是在她移動時拍下的，簡直是靈異照片，所以決定要補充多一點光來拍攝，結果就有了右邊那張照片。

Soso 正在打呵欠，眼睛瞇起來，嘴巴露出牙齒與又長又捲的大舌頭，看起來有點像吸血鬼。前面有提過，貓咪是很矜持又愛面子的動物，露出瞬間的醜態後，馬上又會轉換回萌萌的側臉，真不愧是貓咪。此外值得一提的是，照片中浣腸一直尾隨著 Soso，真的是變態！

最後做個測試，如果你看了這樣子的照片，你還願意領養她的話，那麼你應該就是名副其實的黑貓控了。

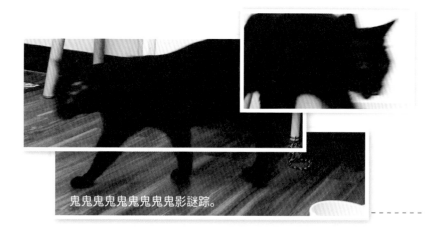

鬼鬼鬼鬼鬼鬼鬼鬼鬼影謎踪。

失控的嚕嚕 2007 年出生，生日 7 月 14 日，男孩

嚕嚕快停止！不要把打呵欠的醜態發揮得如此淋漓盡致！嚕嚕
因為嘴巴內部有些黑色素沈澱，看起來就有一些分布不均的小
黑斑，通常不張嘴還好，只要一張嘴，第一次看見的人都會問：
「嚕嚕嘴巴黑黑的，是不是生病了？」放心，嚕嚕很好，嚕嚕
和阿瑪應該先要擔心的是，他們醜照的流出。

嚕嚕右邊牙齒有點小缺口，在他來後宮之前就這樣了，推測應
該是跳上跳下的時候撞到而造成的缺口。奉勸各位大貓咪、小
貓咪們，跳上跳下的時候要特別注意哦，啊⋯⋯算了，這本書
應該不會有貓咪閱讀啦（還是真的有？）。

也太醜了吧。

顏面崩毀的柚子 2013 年出生，生日 9 月 20 日，男孩

貓咪難免會生病，生病就得餵他們吃藥，沒養過貓的人其實很難想像，餵貓吃藥其實是一件大工程。前些日子因為必須餵柚子吃藥，但柚子又不喜歡，所以每次餵藥時他都會如溺水般的奮力抵抗。

照片中，志銘努力的要把柚子的嘴巴架住打開，柚子左擺右閃表達不願意，也緊緊閉住嘴巴，但柚子越掙扎，志銘就會用更多力氣，在兩方都互不相讓的狀態下，比的就是誰撐得久。突然柚子一時放鬆，嘴巴瞬間被往上拉抬，於是就出現了……有點像是看到不熟的人，但還是得露出強顏歡笑的表情，還不小心露出小尖牙呢！

吃完藥，柚子露出眼神死的表情，而鏡頭外……志銘略顯疲態的坐在椅子上放空。其實餵藥在某種程度來說，比談戀愛還辛苦，若你遇到一隻肯好好吃藥的貓，請好好珍惜他 / 她！

嗚……嗚……

放手！

這樣可愛。

這樣就可怕了。

玩舌頭的浣腸 2015 年出生，生日 4 月 12 日，男孩

浣腸是一隻怪貓！再重申一次，浣腸是一隻怪貓，所以他做出任何奇怪的動作也不足為奇，別隻貓都是在打哈欠時才可能露出醜態，但浣腸竟然是用伸舌頭這種怪招，左舔右舔上舔下舔，彷彿是在炫耀自己的舌頭很靈活似的。

我猜有人會擔心浣腸是不是不舒服，才在那邊玩舌頭，其實他當時只是剛好吃完罐頭，所以窩著開始舔嘴巴，沒想到一舔就超過半小時，最後才會有這組「浣腸舌頭表演」的照片。

不行不行……舌頭要收好。

02
THE CAT'S DAILY ROUTINE

七貓的一天

以為貓都是吃飽睡？睡飽吃？

叫奴才起床真累！

當皇上的每一天

阿瑪

「阿瑪又一大早在大叫了！」
「現在才五點！」
「啊啊啊啊啊～」
狸貓如往常傳訊息訴說著他的痛苦，等我（志銘）真正醒來滑手機看著這些訊息的同時，卻看見他 IG 新貼文寫著：「寶貝陪我睡覺，真可愛！」畫面上正是睡眼惺忪的狸貓及被他強抱著並試圖張口抱怨的阿瑪，而阿瑪的一天往往就是從這裡開始的。

對阿瑪又愛又恨。

我的幼年在鄉下居住，當時庭院裡養了很多隻雞，每個清晨天光微亮，公雞們就不分青紅皂白開始啼叫，不論春夏秋冬，不管天冷天熱，他們日復一日早起叫著，從不停歇。

據說公雞早上啼叫的原因，除了生理時鐘導致之外，與地盤領域性也息息相關，地位越高的雞就越能叫，叫聲也越響亮，這不禁讓我聯想起貓與雞的共通之處，阿瑪那洪量的叫聲，似乎也就多了幾分合理的解釋。

阿瑪有種與生俱來的霸氣，那魔性的嗓音更是極具辨識度，但是阿瑪的每一聲吶喊，多半都是有原因的，絕不會平白無故浪費自己的體力，一旦他出了力，就一定要達成目標，辛苦才有價值。

所以每天一早醒來，阿瑪的開口不為別的，除了肚子餓，還是只有肚子餓，在狸貓房門前拍打著的滑稽動作，也絕不只是為了撒嬌。更精確一點來說，阿瑪早上耗費體力大叫把狸貓吵醒，就單純只是為了那顆空空的肚子。

阿瑪一日行程表

MORNING
早上

05:30 到奴才房門大叫
10:00 吃早餐
10:20 上廁所完舔屁屁
11:00 到狸貓電腦前巡邏

起床放飯啊

AFTERNOON
下午

13:00 進入深沉睡眠
15:00 被招弟舔醒
15:30 玩弄浣腸、柚子
16:00 假裝撒嬌 (為了討零食)
16:30 挑釁嚕嚕
18:00 進入淺眠期

· 狸貓房裡

朕偶爾會來這睡，方便一大早叫奴才起床。

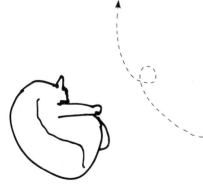

NIGHT

晚上

19:30 晚餐

20:00 調戲 Soso

21:00 睡眠

23:00 勉為其難被抱抱

23:50 到奴才房門口大叫

朕才沒有撒嬌喔。

起床！

阿瑪在狸貓房內取暖（撒野）。

阿瑪想吃飯就一定得付出點代價，通常狸貓強迫阿瑪一起合照完早安照，阿瑪才能如願吃到飯，接著，他就不會再叫了。吃飽後的阿瑪多半會翻臉不認人，會將剛才與狸貓發生的種種激情拋諸腦後，幾分鐘前那狂撞頭、摸手手的可愛模樣，其實全都是為了食物裝出來的。

這時如果狸貓繼續睡，阿瑪可能會因為懶得離開而倒在床上陪睡，狸貓就又會暗自竊喜，相信阿瑪果然是最愛自己的，於是可能會得意忘形而再度伸手撫摸瑪體，嘴裡甚至會邊呢喃著：「寶貝～我的寶貝～」這種鹹豬手的癡漢行徑，往往會觸怒阿瑪，只要他一決定起身離開，任誰都拉不住，而狸貓的一天，通常就都是從棄婦般追阿瑪下樓開始的。

好擠。

愛你。

喔。

- - - ● 跟奴才搶椅子中。

接下來好幾個小時的時間，狸貓會投入無法自拔的工作（標準工作狂），阿瑪則是陷入一覺不醒的深層睡眠，這段時間裡，他們彼此很少交集，偶爾狸貓會試圖逗弄阿瑪，但都只是熱臉貼冷屁股，換來不耐煩的碎念。

在人類的愛情裡，欲擒故縱永遠是最高明的手段，用在貓咪身上也是如此。阿瑪見狸貓怎麼好幾個小時都沒來煩他了？就會若無其事的走向他，然後收起傲嬌的睥睨眼神，轉換為早上那熱情可愛的模樣。可想而知，會有這樣突然的轉變，當然是阿瑪肚子又餓了！而熱戀中的人是盲目的，這時候的狸貓必定會再次失去理智，餵阿瑪一堆食物，然後阿瑪一樣會吃飽不認人，狸貓就再次遭受失戀的殘酷打擊……這一貓一人每天的互動模式，大概都是如此反覆循環著，很少有什麼變化。

對阿瑪而言，他是凌駕於貓與人之上的老大，只是因人類身體比他大，食物來源也受控於人類，所以才逼不得已委曲求全（配合拍照打卡之類的）；但對貓咪們就不一樣了，他的地位無庸置疑，所以不太會有貓咪敢找他麻煩（別被阿瑪找麻煩就是萬幸了）！因此阿瑪的一整天，除了狸貓不定時的騷擾之外，大多時間都是十分清閒的度過，不論吃飯、睡覺、上廁所、打浣腸、騎柚子、跟嚕嚕對戰、調戲 soso（但最近好像沒什麼興致）、找招弟曬恩愛再把招弟趕走（用了就丟的概念）、對狸貓撒嬌再把狸貓趕走（也是個工具人的概念）⋯⋯每件事對他而言是那樣稀鬆平常。

好餓喔。

來點吃的吧！

然而在他小小的腦袋裡，或許不會知道：他如此平凡簡單的生活，對我們而言，其實是一種無法失去的幸福，每天能被他吵、被他罵、看著他貪吃的把食物吃光光，再安心的靠在我們身旁睡去。

我們何等幸運才能感受這分踏實？不管在外面遇到多少挫折，對未來有多少徬徨，只要一想起那憨憨肉肉的臉龐，好像就沒有什麼過不去的了！

安安靜靜的每一天

招弟

如果有人問，後宮最乖巧的貓咪是誰？答案肯定是招弟。她就是那種不讓人擔心的好孩子，平常安安靜靜的，話不太多，更別說是搗蛋惹禍了。

我幾乎想不起招弟的一天通常是如何開始的，就像夏天的蟬鳴總不知道何時開始喧嘩，也察覺不了何時停歇。她總是默默起床，靜靜走向她想去的角落，偶爾會貪吃過多的食物，也偶爾會玩興大發與柚子玩耍追逐。但無論做什麼，她從不高調，也不會宣誓自己的地盤，也許在她心裡，她根本不該有地盤。她從小到大的貓生，總是圍繞著阿瑪，圍繞著整個後宮，就某個層面來看，她從不屬於自己，也從不忠於自己，基本上別人對她的要求，她總會百般溫順的配合，變成我們想要的形狀，待在我們指定的框框裡。

我看著這樣的招弟，想起她小時候的模樣，那時彷彿有個活潑調皮的靈魂住在她身體裡面，她還是她自己，還懂得表達自己的要與不要。別看她現在對人冷淡的模樣，其實她也曾是個愛與人形影不離的跟屁貓，樂於享受每次與我們接觸的親密；她也會表達情緒的不滿，更會大聲制止我們做出她不喜歡的事情（譬如把她偷藏在角落的鳳梨酥沒收），然後再用堅決的態度反抗，用自己的力量發聲。

可惜，那時候的我們沒接觸過小貓，面對她搗亂時，多半會直接用斥責的方式勸阻，當她一犯錯，我們出聲責備，她就會馬上停下正在做的壞事。雖然當下解決了麻煩，她暫時屈服於我們，但我們沒有考慮到的是，小小的招弟也正在學習著如何跟我們相處，也在努力學會規矩，學會愛我們，因此當我們用權威的方式要她服從時，她對我們的愛也慢慢在變質流逝。

招弟一日行程表

MORNING
早上

10:00 吃早餐
10:30 搜刮大家的飯
11:00 把早餐吐出來

AFTERNOON
下午

13:00 曬太陽睡覺
14:30 被奴才偷摸偷抱
15:00 舔阿瑪、舔人的手
16:00 與柚子玩你追我跑
17:00 與浣腸吵架

NIGHT

晚上

19:00 吃飯前的興奮
19:30 晚餐
20:30 上廁所被浣腸偷看
21:30 用尖叫聲嚇走浣腸
23:00 睡覺

小貓與成貓真的可以算是兩種生物，更正確的說，其實每隻貓的個性都完全不同。阿瑪個性大剌剌又身經百戰，偶爾的訓斥其實不太會影響到他與我們的信任及情感，但我們把同樣的方式套用在招弟身上時，卻會產生完全不同的結果。短短幾個月的時間，招弟就從小貓長成了亭亭玉立的女孩，愛玩又黏人的個性也漸漸變得獨立自主，也就越來越不需要人了。

後來招弟只要一被人抱起，眼神就會瞬間變得厭世，雖然身體沒有反抗，但整張臉的愁容已經說明了一切。這樣的轉變雖然讓人落寞，但我們也不想一直刻意去勉強她（除了剪指甲之外）。招弟雖不再像過去那樣主動親人，卻依然溫和（不會咬人），也不至於對我們懼怕（只是有點厭煩），好在她親貓，從奴才這邊無法得到的溫暖或樂趣，也許還能從貓咪們身上彌補一些吧。

下巴肉掉出來了。

招弟一天中最期待的事情大概就是進食了，不過他從不為此吵鬧，頂多就是輕聲喵喵兩聲，如果沒人理她，她就會乖乖站在原地等待，有時候站了半天沒人發現，她就在飯盆旁坐下、趴下，直到睡著。等到終於放飯後，她習慣狼吞虎嚥，所以常常因此嘔吐，可能就因為這樣，她老是吃不飽，只要經過的飯盆裡有食物，就習慣會停下來幫忙清空。

睡得很沒有防備。

不要摸我……

除了吃飯之外，招弟也還保有著赤子之心，
這點在玩樂方面就能看出來。

厭世中的招弟。

平時穩重端莊的招弟，最喜歡跟柚子玩在一起，如果招弟不是阿瑪的皇后，我一定會覺得他們在談戀愛，根本是青梅竹馬，每天總有一兩個時段見到他們互相追跑著，而且不是像阿瑪追浣腸、Socles 的那種好色員外追小女僕的恐怖情節，他們是有來有往，兩貓互相追來追去的打情罵俏式玩耍，簡直是後宮最放閃的地下情侶檔，每次看他們玩耍的模樣，我都深有所感，果然年紀還是要相當，彼此之間才有話聊嘛！

除此之外，招弟偶爾會被浣腸跟蹤，而且通常是在她上廁所時，浣腸會趁她不注意，偷偷拍她的頭或是屁股，這種時候招弟往往會發出驚人尖叫，通常非常短暫而且毫無預警，一瞬間就可以讓全工作室的人瞬間驚醒，而這慘叫聲，並不是因為她被弄痛了，而是她為了嚇退浣腸而使用的聲音武器，但狸貓往往半夜聽到這尖叫聲便會被嚇醒，然後就一直心有餘悸，很難再次進入夢鄉了。

聞聞聞……

招弟跟著柚子。

嘿嘿嘿……招弟！

浣腸你過來我就要叫囉！

劍拔弩張的瞬間。●- -

若是真想要阻止尖叫的產生，只能在發現浣腸鬼祟的當下，就立刻制止他的行為，不過說來簡單，往往等到我們發現有異狀時，都已經是招弟崩潰大叫之際了！

雖然招弟與大家的關係有好有壞，但總體來說，還是讓她的生活增添了不少樂趣，她的心情豐富滿足之後，也就間接改善了與我們的關係。隨著時間越來越久，她似乎又重新接受了我們，摸她時不再躲開，反而會舔舔我們，雖然仍不會主動撒嬌討摸，但也算是很有進展了，仔細一想，因為當年一時的觀念錯誤，這段關係復原期竟也默默過了好幾年了呢！

辛苦的每一天

三腳

記得以前大家剛開始認識後宮時,很多人都不喜歡三腳,尤其是只看部分影片的人,對三腳通常就只有「她很凶」、「很愛罵人」這類的負面印象,後來透過我們的文字、直播,以及越來越多的影片,大家才開始慢慢了解三腳過去的故事,三腳也才慢慢洗白……得到一個公道。

我一直覺得三腳是個充滿故事的貓,若換作人類的說法,我會尊稱她為女神。三腳女神用美麗的笑臉撫平每顆受傷的心靈,用強大的意志

突破了先天的身體缺陷，雖然走起路來速度緩慢，但一步一步走，她還是會走到目的地，雖然這目的地通常都在飯盆前，但對她而言，不管走到哪，只要願意走就是讓人欣慰的一件美事。

因為三腳行動較不方便，這幾年來比較少見她上樓，她大多待在一樓活動，不過做的事情與從前相比，倒是也沒太多改變。睡覺還是占了大半天的時間，其餘時間就如同其他貓，並沒什麼兩樣，然而在老貓組之中（阿瑪、嚕嚕、三腳），她的活動時間應該最短，整天幾乎都是或坐或趴，如果我們看見她直挺挺站在那兒，甚至是走起路來，那肯定就有什麼大事要發生了，不是放飯時間到了，就一定是她精神真的超好、心情也好，才會有這等閒情雅致來御花園（客廳）遛達遛達。

三腳每天的起床時間，其實深受狸貓的影響，每天一早，只要聽見狸貓下樓腳步聲，她就會移步到樓梯口，像服務生遇到貴賓似的，立正站好迎接狸貓，因此每天狸貓也會藉此來確認「三腳今天好不好」，如果下樓時沒見到三腳，就會到處搜索她的蹤影，看看她是不是有什麼異狀，只要發現有什麼不對勁，就要盡快帶她去醫院檢查。

三腳一日行程表

MORNING
早上

09:30 等狸貓下樓
10:00 吃早餐
10:30 如廁
11:00 進入深沉睡眠

AFTERNOON
下午

14:00 躺著發呆看窗外
15:00 繼續睡覺

NIGHT

晚上

18:00 吃口炎藥
19:30 晚餐
20:00 睡覺
23:30 發現奴才上樓
23:40 尾隨奴才進房

三腳之所以那麼期待狸貓起床，當然也是因為早上肚子空空的，很需要立刻飽餐一頓，才好迎接一天的開始。吃完飯後她就會找個地方窩著休息，貓咪一天的睡覺時數很長，更何況是像三腳這樣的老貓，就算沒在睡覺，也多半習慣待在同一個地方。

但有時我見她窩著，眼睛卻瞪得很大，似乎完全沒有一絲睡意，我就在想：「三腳妳不累嗎？大夥兒都在午休妳不睡嗎？」看著她那雙迷人的大眼睛，陷入沉思的模樣不禁讓我想像著，這時候的三腳心裡在想著些什麼呢？

有時候天氣冷，才會跟阿瑪擠一下！

Z⋯⋯z⋯⋯Z⋯⋯

三腳現在得天天吃藥。

是想起過去流浪時的悲慘經歷嗎？還是想念那一群她曾經餵養，現在卻不在身邊的孩子們呢？當年照顧她的一樓住戶與收留她的中途學生，應該也曾在她的腦海裡盤旋著吧？還是她其實只是單純想著「能夠這樣無憂無慮發著呆真好」呢？

不論她在思考著什麼，每天時間一到，我們還是得餵她吃口炎的藥，她雖然會不高興的碎念低吼幾聲，身體卻不會有過多的掙扎（或許也是一種認命的心態了吧），經過了好幾個月持續餵藥後，好在並沒有影響到三腳與我們之間的感情，天冷時她仍會主動靠著我們取暖，仍然享受被我們摸摸，喜歡陪在我們身邊度過一整個下午或是夜晚。

老貓們的睡眠時間越來越長了。

睡得非常沒有防備的三腳。

我只是借狸貓的棉被睡，
絕對不是撒嬌。

睡在腳邊的三腳，
意外的很暖呢！

而最近狸貓漸漸發現，三腳多了個特殊能力，只要樓上狸貓的房間門是開著的，三腳就會馬上察覺，並且意圖上樓闖入，而且通常還是在深夜裡。

三腳會偷偷尾隨狸貓進入房內，並且溜進有棉被的地方倒下，露出一副「我今晚要睡這裡囉！」的可愛表情，但因為房內沒有貓砂也沒有水，而且還有一些重要的器材設備怕被弄壞，所以狸貓往往會嘴裡說著抱歉，但仍然把三腳抱到房外，關上門後，三腳就會透過透明的房門，露出「你不讓我睡裡面嗎？」與「我辛苦跑上來，你要狠心把我趕下樓嗎？」的可憐模樣，然後……（誰都會因此心軟吧？）於是狸貓只好再打開門，三腳又會再一次蹦蹦蹦的跳回棉被躺好，就這樣，三腳相較於其他貓咪，就多了好多次與狸貓一起過夜的經歷，這可是他們之間的甜蜜小祕密呢！

陪我們說說話好嗎……

然而隨著年紀越來越大的，三腳還有最大的改變，就是她越來越少叫了，後宮裡也越來越少聽見她的聲音了。從前影片裡那些凶惡的叫罵聲，現在已經很少發生，也許是因為口炎讓她害怕嘴巴用力會不舒服，也可能只是因為漸漸年老沒了力氣所致，但仔細想想，這真是個讓人心酸的轉變啊，從前總覺得她吵鬧，責怪她對嚕嚕太凶，現在卻又懷念起她的霸道不講理，多麼希望她能一直罵我們，一直健康陪我們走到很久很久以後……我想，這就是我們人類最不擅長又不願面對的矛盾吧。

難得拍到老貓組的成員睡在一塊，雖然各自有各自的地盤。

吃完藥會流口水，所以都要幫她擦掉。

奔跑的每一天

Socles

如果生命真有輪迴，Socles 上輩子應該是個武林高手，每天嚴格自主訓練，武功制霸群雄的筋肉女俠；也有可能是個陰晴不定多愁善感又神經質的人，腦中總是充滿瘋狂的小劇場，隨時幻想著快要被陷害謀殺的可憐女子。

若要說 Socles 給人的感覺，「戲劇化」就是最好的形容詞，她心裡有座柔軟的花園，只要定時灌溉，就能感受到你對她細心照拂的溫情，但敏感多疑的她，也隨時可能因為你一個小小的動作或聲音，玻璃心碎得滿地。

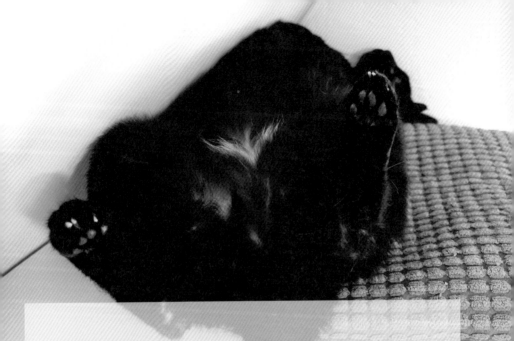

綜觀後宮七貓們這些年來的生活，改變最大的就是 Socles 了，以前她剛入宮時，因為個性膽小，怕她被其他貓欺負騷擾，我們為了保護她，才讓她獨居在小房間裡，這樣的日子過了好多年，原以為她這輩子就要這樣度過了，後來因為大改造，才又意外發現，她其實還能再重新與其他貓咪相處，後宮的日常面貌也因此有了大幅度的變化。

Socles 從前就像三腳一樣，整天花很多時間在叫，三腳是一視同仁對著大家叫，Socles 則是特別針對公貓們叫，現在兩貓卻不約而同都安靜了許多，雖然結果一樣，原因卻完全不同。

三腳的安靜是因為年老及生病的緣故，但 Socles 卻不是。因為對大家的存在開始習慣，似乎也就變得沒那麼討厭了，也或許是她在多年的經驗累積之後，終於明白那些臭男生再怎麼樣，也不會真的害自己受到傷害，因此有了更多勇氣去面對。總之，現在的 Socles 已不再是當年那個畏畏縮縮的女孩，經過歲月的淬煉，她漸漸茁壯的自信，也蓋成了一座內心最強大的後盾。

Socles 一日行程表

MORNING

早上

10:00 吃早餐

10:10 罵嚕嚕

11:30 發現阿瑪進來找狸貓，換位置睡

天啊！！
阿瑪進來了？

AFTERNOON

下午

14:30 到客廳巡邏

15:00 深沉睡眠

18:00 被拍屁屁

NIGHT

晚上

19:30 晚餐

19:40 罵嚕嚕

21:00 透過透明門盯著浣腸看

23:00 睡覺

現在的她仍然最喜歡被人摸摸，只要肯摸她，什麼人都好，她全部照單全收、來者不拒，一樣沒有節操，一樣見到任何人，屁股就翹超高主動獻媚。雖然她還是常常會跑來跑去，但跟以前被臭男生們追的那種驚恐模樣卻又截然不同，現在的她多半是帶著一種喜悅興奮的心情來跑。而且不獨居之後的 Socles，跑步的路線更是有如開疆拓土，延伸到了客廳甚至是樓上。她不再擔心受怕，「單純為快樂而跑，為自由奔馳」儼然成了她現在的生活寫照。

你不要來弄我喔……

我沒空理妳～

最讓人意外的是，原以為大家會不習慣見到她跑而追她，但不知是否因她散發出來的氣場已與過去不同，大家多半只是一開始因驚訝而多瞄幾眼，幾次之後也就見怪不怪、習以為常了。

現在最常待在辦公室的就是 Socles 跟嚕嚕了，而 Socles 常會在吃飯前因為肚子餓而激動，在房內竄來竄去，有時巧遇嚕嚕，就會像在大喊著：「你怎麼靠我這麼近？」然後又瞬間爆衝跑走，讓人不解的是，明明就是 Socles 自己主動靠近嚕嚕，她還做賊喊抓賊，而嚕嚕也會露出一副「我錯了嗎？」的疑惑表情，這時候其實也不需要特別做什麼，只要主動拍拍 Socles 的屁屁，讓她心情放輕鬆一點，嚕嚕也就不會那麼容易被遷怒了。

跑到高處監視客廳。

最後想聊聊有個十分有趣的現象，就是浣腸與 Socles 兩貓對彼此的態度。浣腸從小就一直對 Socles 充滿興趣，總喜歡暗中觀察她，而 Socles 似乎也一直都有察覺，卻從沒害怕過浣腸，面對他鬼祟的行徑，Socles 有時甚至會直接出聲指責，每次都讓浣腸嚇得落荒而逃。

其中讓人不解的是，Socles 從前對阿瑪、柚子、嚕嚕的叫聲是非常淒厲慘絕的，但如今對浣腸卻像是一種姊姊管教弟弟的語氣；至於浣腸，他平常面對嚕嚕時，總是想要以小搏大，一副說什麼也不想低頭的倔強性格，在面對 Socles 時，卻只因為輕輕一聲唾罵，就乖乖夾著尾巴逃跑，這其中的差異實在耐人尋味，讓人完全抓不到頭緒，或許，這就是生物間自然存在的男女有別吧！

喜歡在暗處偷看人。

有一個怪貓在看我，我必須冷靜。

怪貓。

冷靜冷靜冷靜
冷靜冷靜冷靜冷靜
冷靜冷靜冷靜冷靜
冷靜冷靜冷靜冷靜
冷靜冷靜冷靜！

每天 Soso 在巡邏的時候，都會被盯上。

好黑好像影子喔！
好想抓啊啊啊！

不斷妥協的每一天

嚕嚕

不知道大家還記不記得，我們從前其實是不愛貓的，這其中的原因有很多，不論是刻板印象或是自身經驗，對當時的我們來說，絕對想不到幾年後的現在，竟會和貓咪們一起這樣密切生活著。所以在談嚕嚕之前，我想先談另一隻貓，他叫作橘子，我們手邊沒有他的照片，但大家可以直接把他想成是嚕嚕的模樣。

同樣是一隻胖橘公貓，同樣頭大大的，同樣有雙萌萌的圓眼睛，但不同的是，當年遇見橘子時，我們還不懂貓咪的美好，第一次與橘子相遇的過程，對我的心靈來說幾乎可以算是一種災難。

大學時期總是喜歡到其他同學租屋處串門子，有回朋友那兒來了一隻貓訪客（就是朋友友人寄放的橘子），那次我們為了做作業不得不待在那個房間裡，整整約兩小時的時間裡，每分每秒都是無比煎熬，我坐如針氈，恨不得馬上奪門而出。

現在想來，當時橘子的眼神明明可愛極了，也沒有一直主動靠近怕他的我，更不會傷害人，但當時的我就是無法直視他的眼神，甚至對於與他共處一室感到窒息難受。

奇妙的是，經過那次體驗後，我沒有更怕貓，反而腦中時不時就會浮現橘子的面容，那副神似阿瑪的傲嬌眼神，更是在我心裡揮之不去。直到後來我們遇見了阿瑪，我仍對於橘子念念不忘，或許從那時開始，橘貓就以一種微妙的情感投射，住在我深層的潛意識裡了。倒也不是覺得橘貓特別美或帥，只是單純覺得，當年與橘子的那場邂逅像一個淵源，使我們一直深深牽絆著，這或許也是後來面臨後宮貓咪們相處的各種難題時，我們無法將嚕嚕棄之不顧的真正原因吧！

嚕嚕一日行程表

MORNING

早上

10:00 吃早餐

11:00 到狸貓桌上睡覺

12:30 壓在狸貓手上睡

AFTERNOON

下午

14:00 找志銘

15:00 到客廳跟浣腸吵架

15:30 找小幫手

16:00 狸貓趕不走嚕嚕

18:00 鬧脾氣

晚上

19:30 晚餐
20:30 透過透明門盯著浣腸看
23:00 睡覺

嚕嚕與橘子的個性是完全不同的，橘子雖然親人，但他高傲又有個性，就像阿瑪一樣，明明喜歡我們，卻又常常故意裝作不屑。嚕嚕雖然也是親人又有個性，但是和他們相比，卻又剛好相反。嚕嚕表面雖然凶惡剛強，內心卻脆弱的異常柔軟。從他入宮以來，便一直在妥協著，妥協著認清自己是貓，妥協著不與阿瑪爭當老大，妥協著不搶地盤，到最後我們才發現，其實他的妥協都只為了能好好待在我們身邊。

好在隨著時間久了，嚕嚕的生活也不再那麼辛苦了，大家現在不是老了，就是對他習慣了，雖然偶爾還是會吵架，但跟以前相比，真的已經和平了許多，其中最明顯的變化就是阿瑪與三腳，光是少了他們的針對、打壓，嚕嚕的日子就清靜非常多。

而嚕嚕自己倒是沒太大的改變，日子一樣是過一天算一天，在後宮裡到處倒地、到處睡，睡覺的時間很長，而且都是深層睡眠，睡醒之後除了吃飯、尿尿、喝水之外，第一件事一定是找看看我們在哪，然後前往我們在的位子，干擾我們直到他再度累了，才會善罷甘休讓我們繼續工作。

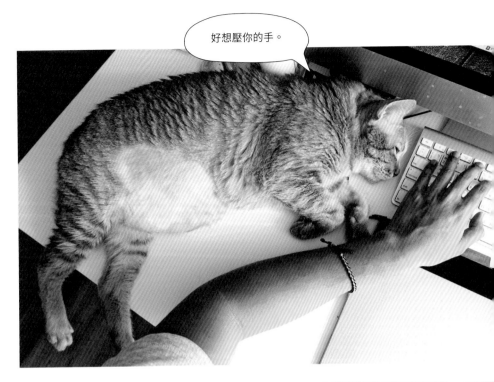

好想壓你的手。

不知道為什麼，也許是因為現在狸貓的桌子最大最寬吧。嚕嚕最喜歡倒在狸貓桌前睡覺，並且無所不用其極，不管是倒在鍵盤上、靠在狸貓身上、或是頭靠著電腦螢幕、壓在滑鼠上或整隻貓伸長霸占整張桌面，只要狸貓還坐在位置上，嚕嚕就可能用各種型態躺在桌上。

超近距離觀察嚕嚕的鼻子。● - - - - - - - - - - - - - - -

如果狸貓想試圖趕走嚕嚕，就要做好被嚕嚕用貓爪攻擊的心理準備，所以他往往只能放棄趕走嚕嚕的念頭，委曲求全以詭異克難的姿勢繼續工作；有時甚至是耳機線不小心出現在嚕嚕眼前，也會被攻擊，甚至是被凶狠的直接咬斷；最可怕的是，嚕嚕一天躺在桌面上的時間，大概可以長達 10 小時，而且因為他可以睡得很熟，就算狸貓暫時離開座位他也可能沒發現。

嚕嚕霸占了狸貓的電腦。

等到嚕嚕花一段時間意識到時，才會用一種悵然若失的表情慢慢離開桌面，這也是唯一能讓嚕嚕離開位置，又沒有人貓受傷的辦法。

雖然幾隻老貓跟嚕嚕的鬥爭減少了，但嚕嚕偶爾還是會對浣腸產生敵意，而這種敵意通常是浣腸自己掀起的。別看浣腸小小一隻，他喜歡偷襲嚕嚕，導致嚕嚕暴怒，所以只要發現他們即將要鬥毆時，我們就會把他們隔離開來（嚕嚕脾氣醞釀得比招弟久），此時就會出現一個滑稽的畫面：兩隻貓隔著一個門吵架。而這種畫面大概會維持五分鐘，兩隻貓才發現「啊，原來我們中間隔著一扇門」，然後各自悻悻然離去。

嚕嚕是電腦的所有者（誤）。

其實貓咪的生活真的很簡單，他們腦袋裡思考的事情，往往多過於他們所做的行為，我們以為他們什麼都不懂，但其實他們想得可能遠比我們更多。也許我們永遠都無法真正了解，他們為何要對別貓生氣，就像那些被拋下的毛孩們，永遠無法了解為什麼自己不能再被寵愛。別再以為他們對一切都無感，他們感受到的一切，或許都源自於我們自己都無法察覺的一念之間呢。

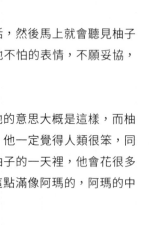

忙碌的每一天

柚子

「柚子！」

「你不要這樣！」

「柚子，你過來！」

在後宮裡幾乎每天都能聽見，從不同奴才口中喊出這句話，然後馬上就會聽見柚子沙啞的回嘴聲，搭配那雙圓滾滾的大眼睛和一副天不怕地不怕的表情，不願妥協，拒絕我們的任何勸告。

「我做的事自然有我的道理，你們不用管太多！」我猜他的意思大概是這樣，而柚子的有話直說，想必是看過後宮影片的人都印象深刻的，他一定覺得人類很笨，同樣的事情都講了上百次，怎麼就是沒人聽懂呢？所以在柚子的一天裡，他會花很多力氣在交際，不論是對人或是對貓，他都喜歡用講的。這點滿像阿瑪的，阿瑪的中文聽力感覺很厲害，只可惜我們的貓語能力還不夠好。

柚子有求於人時會叫，沒事發牢騷也會叫，開心被摸屁屁時要叫，不合他意想要抗議時更要大聲叫。有時看著他與嚕嚕在吵架，那你一句我一句，煞有介事的模樣，我除了疑惑，卻也覺得神奇又可愛。或許也因為柚子的能言善道，所以在後宮裡的貓緣才會這麼好，如果柚子是人，大概會像是班級裡的風雲人物，這種人總是有一股獨特的魅力，能夠讓人喜歡，能教人信服。

但這種人通常很忙，每天的活動多、邀約也多，幾乎從不間斷，柚子也是如此，他一整天要找不同的人撒嬌（大概是喜歡不同人的觸感，所以每個都會輪流照顧一下），還要找不同的人陪他玩（因為不是大家都有空或想跟他玩，所以他需要多找幾次才有機會），除了人之外，還有與貓咪們的互動，最常陪柚子玩的當然是招弟及浣腸，但是大家體力都沒他好，很容易中途喊停，又加上浣腸隨著年歲成長，也變得越來越叛逆，已經不再覺得「跟著柚子做一樣的事」很酷了，於是柚子面臨到成長以來最大危機就是：「玩伴選擇嚴重短缺！」需要好好想辦法解決才行。

柚子一日行程表

Morning
早上

10:00 吃早餐
11:00 到辦公室巡邏
12:30 到狸貓桌前鬧嚕嚕

Afternoon
下午

13:00 上娃娃
13:30 窗台邊賞鳥
16:00 隨機到某個人的桌前睡
17:00 找人拍屁屁
18:00 上娃娃

NIGHT

晚上

19:30 晚餐
20:30 在浣腸面前上娃娃
23:40 到狸貓房間玩
23:50 在狸貓房門口哀嚎

如果是一般貓，柚子這樣的活動量其實已經很足夠了，但偏偏柚子不一樣，柚子從小就能量異常充沛，長大之後雖然有比較冷靜一點，但是血液裡萬馬奔騰的衝勁，仍然需要定期釋放，在沒人沒貓能滿足他的情況下，剛好後宮適時出現了一隻「咖啡長娃娃」。

起初這隻娃娃好像是別人送的禮物，原本的用途不明，但絕對不是要讓柚子這樣用的（柚子會騎在娃娃身上磨蹭叫囂，但他早就絕育了）。剛開始拿出來時，每隻貓都沒什麼反應，唯獨柚子如獲至寶，第一次見到就興奮的吼了幾聲（大概類似狼嚎的概念，應該是很開心的意思吧！）然後一整天都待在娃娃旁邊不願意離開。

抱著娃娃睡的柚子。

原以為柚子只是一時興起，幾天後就會像以往的三分鐘熱度，把它忘得一乾二淨，沒想到劇情發展讓我們出乎意料。柚子越來越離不開它，開始花更多時間抱著娃娃睡覺，或是陪在它身邊發呆，到最後甚至用嘴叼著它行動，跳上窗台邊強迫娃娃陪他與小鳥姊姊約會（其實就是賞鳥），或是特地走到浣腸面前，騎乘娃娃給浣腸看（目的不明），總之什麼活動都要帶著那隻娃娃出席，柚子對娃娃著迷的程度，真的讓我們完全無法理解。

除了與娃娃戀愛之外，最近還有一個新活動，讓柚子樂此不疲，那就是我們與他玩的響片訓練遊戲，透過制約的原理來讓柚子達到隨時都叫得來的效果（詳情可以去看阿瑪頻道影片《訓練貓咪一叫就來》），因為可以消耗他的精力，他又可以吃到他超愛的點心，所以柚子深深愛上這個遊戲，每天都吵著要玩。

訓練貓咪一叫就來。

到了晚上，柚子只要發現狸貓開了樓上的門，就常常會爆衝上樓並闖入房間，狸貓有時會讓他在裡面玩耍片刻，同時間三腳也在裡面，但三腳通常是乖乖躺著，柚子卻會在房裡跳上跳下，不停發出各種聲音，甚至弄倒東西，所以通常待不到十分鐘，就會被狸貓請出房間，當然，看著三腳還在裡頭，自己卻被請出房間的柚子總是非常不甘心，於是就會在房門口哀號，企圖讓狸貓不好入眠，以洩怒氣。

對很多人來說，像柚子這樣調皮的貓咪，照顧起來非常累人，甚至會後悔遇到這樣的貓咪，不論是亂尿尿、愛搗蛋，所有任性妄為的事蹟都可能令很多養貓新手覺得卻步難解。

但其實像柚子這樣的貓，只要用對方法，反而會更容易與他深入交心，因為對他們來說，最困擾的就是我們聽不懂他們在說什麼，有時候他們想與我們講道理，我們卻表現出來種種呆滯的模樣，這實在讓他們太崩潰了。

「要跟人類溝通實在太難了啊！」所以只好竭盡心思想出各種手段，這些行為都只為了讓我們更容易明白他們想說的話，如果人類可以輕易溝通，那他們又何必耗費這麼多力氣來提醒呢？

想看看多近會醒，結果都……

睡死。

竟然沒有發現鼻子上有貓砂。

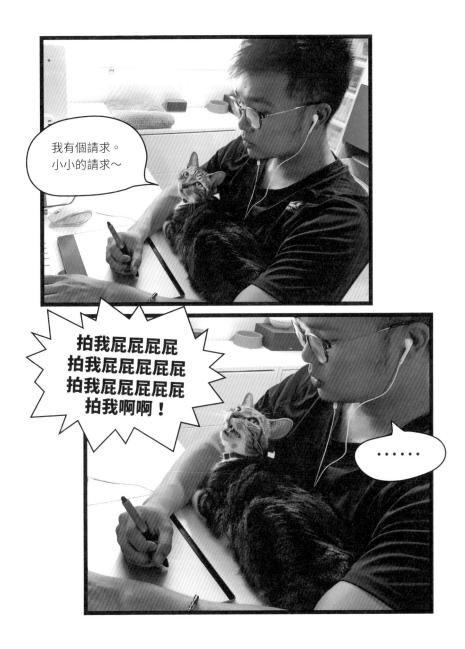

多重貓格的每一天

浣腸

我們最常會被問到的問題裡，其中一題就是「後宮貓咪裡最喜歡誰？」
我通常回答嚕嚕，狸貓則是稍微偏愛阿瑪，但平心而論，每隻貓咪都
是我們用心照顧之下長大的，就算是一時的犯錯調皮，身為奴才的我
們，也始終把他們當成最愛的孩子，希望他們都能過得很好。

但我覺得貓咪們並不這麼想，他們對我們的喜惡很容易表現在外，我們得不得他們歡心，可以說是冷暖自知，往往他們只要一個表情一個動作，我們的玻璃心就能被踩碎，而最常踩破我們的心，又讓我忍痛把他排名在後宮喜愛度第三名的，就是那外表看起來極可愛又無害的浣腸（第一名嚕嚕、其餘第二）！

浣腸真的是標準的陰晴不定型，好像有多個貓格住在他體內，當年第一次與他見面時，我們所遇見的那個撒嬌親人的小可愛，是我們所認識他的第一個貓格，只是可惜帶回後宮就再也沒出現過。

第二個貓格會在他每天早上吃飯時出現，那是個明明很餓、卻又不肯專心吃飯，隨時覺得奴才要抓他殺他的妄想症貓格，通常這個時間點（放飯時間）他自己會陷入天貓交戰的掙扎，因為第三貓格一直想要跑出來，但是第二貓格不想讓她出來，所以這時候的浣腸會變得超詭異，一下想往前，一下又像想起什麼似的停滯不前。

浣腸一日行程表

MORNING
早上

10:00 吃早餐
10:01 覺得奴才想殺他
10:15 真的吃到早餐

AFTERNOON
下午

12:30 給小幫手摸摸
13:00 熟睡
16:00 欺負嚕嚕
17:00 偷襲招弟
18:30 覺得奴才想殺他

Night

晚上

19:45 晚餐

20:00 跟嚕嚕吵架

20:30 看柚子上娃娃

21:30 安撫自己沒人要殺他

??:?? 不定點隨機撒尿

第三個貓格是個溫柔的小女孩，她最喜歡人類了，她會試圖說服第二貓格：「其實奴才沒那麼可怕喔，你餓了就快吃吧，奴才不會害你的。」

但第二貓格的浣腸摀住耳朵：「我不聽我不聽！他們真的會殺了我！妳為什麼要一直幫他們說話？」

雖然第二貓格很膽小，但如果真的很餓，又經過第三貓格耐心的安撫勸說，他可能會稍稍卸下心防，緩慢的走向奴才前的飯盆，但萬一有個不小心，阿瑪突然撞到飯盆，那聲響就會讓原本第三貓格暫時領先的浣腸，瞬間切換回第二貓格，立刻拋下飯盆跑向那無邊無際的遠方（其實只是樓上），再也不回頭。

你們都是巨人！

瞪大眼看，擔心有誰要殺他（但還是鬥雞眼）。

第二貓格通常占據浣腸大半的生活，他固執又霸道，內心充滿著幼年被狗追、被欺負的種種恐怖陰影，所以很難相信別人，好在第三貓格有時會趁第二貓格睡午覺時偷偷跑出來（第二貓格很愛睡午覺），這也是浣腸一天中最可愛的時刻。

第三貓格很相信人類，雖然喜歡小幫手更勝於奴才，但至少是個親人的小可愛，可惜她不像第二貓格那樣強勢，也沒有能力與他對抗。總之，第二貓格的浣腸午休完畢之後，那個親人可愛的浣腸就又會馬上消失不見。

至於浣腸的最後一個貓格，是個最讓人貓公憤的角色，他欺善怕惡又好戰，專挑軟柿子下手（像是嚕嚕），誰地位低他就欺負誰，但通常只是有勇無謀，第四貓格浣腸想要欺負嚕嚕時，只要嚕嚕及時發現反擊，這個膽小鬼就會嚇得躲起來，需要其他貓格出來善後（通常是第二貓格），到最後當然又會陷入自我懷疑、自我否定的紛亂，這種時候從我們角度觀察到的畫面就是，明明是他自己偷襲嚕嚕在先，但是被發現反擊時，卻又像是什麼都記不得了的那樣無辜可憐。

多重貓格開會中……

而浣腸除了多重貓格令人頭疼之外，更令人崩潰的還是隨機撒尿了，亂尿的話題在前幾本書都有提過，這裡就不再贅述，不過近期我們遇過最痛苦的一件事，就是浣腸在吸水杯墊上尿尿，我只想給吸水杯墊送上四個字：「回天乏術」。

浣腸一整天的生活大概就是被這些貓格操控著，不同時間、不同的人，都可能面對到不同浣腸貓格，後來想想這何嘗不是一種另類的幸福，只要養一隻貓，就能像是獲得全口味軟糖般驚喜連連，雖然我不確定這種驚喜還有沒有什麼我還沒遇過的（剩餘還未露面的貓格），但我們多想也是無益，就只能見招拆招，順其自然了！

浣腸過來！

看我上娃娃！

……

我真的不想看……

浣腸我是在教你!眼睛張開!

你看，腰要用力……

柚子原因不明的怪癖好。

03
CHANGING CATS' LIFE
生活的巨變

改造、住別人家、Socles 不隔離

起初的貓咪房。

改造起源

2013

早在後宮建立之前，我們就是一個影像工作室，當時幾個夥伴們，每天都聚在一個小小的套房裡，但因為我們常常忙著到處開會、拍片，總覺得只要有一個小空間，供大家能偶爾聚聚討論就足夠了，現在回想起來，真覺得當時這樣想法實在是單純又浪漫。

經過一個又一個的案子之後，我們因工作產生的文件及道具堆積如山，常看阿瑪連走路都需要避開一堆雜物才能順利通行，我們才真的認清事實，好像確實需要一個更大的空間了。

但當時我們都只是剛出社會的窮困菜鳥，反覆尋找之後，也只能以便宜的租金，找到離市區較遠，但空間頗大的空房，沒錯，真的就是一間空房，什麼東西都沒有，還好當時正好因某次拍攝結束的案子，留下許多可以用來做簡單裝潢布置的地板及家具，我們便把房子租了下來，靠著大家的努力，暫且布置成一個簡單堪用的溫馨工作室。

一樓的客廳，當時無家具的模樣。

當年的小幫手。

當年灰胖還在，然後阿瑪很瘦。

阿瑪在這。

有人入住後就開始變得很亂……

後來因為空間變大了，我們陸續帶回更多貓咪，工作室的案源越來越穩定後，也開始增加了幾名同事。人多了、貓也多了，我們反而因為更忙碌，而更沒有時間心力整理房子（其實只是因為懶惰），雜物就這樣日積月累，最後終於飽和，到了不得不正視處理的地步。

於是我們想了兩個方案，第一，直接搬家；第二，重新裝潢改造。不管選擇哪個方案，我們都是想要讓工作狀態及貓咪的生活能有更好的改變，但不論是哪種方式，都需要花費極大的心力。

本來我們比較想直接進行第一個方案，只是萬萬沒想到，在找房的過程裡，我們遇到了詐騙，還差點被騙錢（詳情可以看《找尋新後宮竟遇詐騙》這部影片）。

正當我們灰心無力之際，某知名家具商提出了想要幫後宮進行大改造的企畫，這個提案來的時間點非常完美，直接打中我們當下最迫切的心願，所以經過雙方仔細評估過後，沒過多久，大家就迫不及待開始進行大改造了。

工作間東西堆得亂七八糟。

改造前的準備

2018.02

當初決定要大改造，最主要原因就是我們的雜物太多，已經完全沒有多餘空間可以再做使用，不只是工作，就連生活上也因環境擁擠而產生諸多不便。所以一決定要大改造之後，我們的第一步當然就是，要先讓這間房子盡量回復成原本的面貌。

首先，我們要先把這群雜物分成兩大類。第一類是待丟棄物品。也就是沒有用處、過期、或是壞掉的東西，這裡頭又可細分是真的垃圾，還是只是我們用不上的東西。如果是垃圾，當然就直接丟棄；如果還可以用，我們就送人，當時很多家具因此轉送給需要的朋友們，順便還趁此與往日好友們聯繫了一下感情，真是一舉兩得。

客廳擺設顯得雜亂。

東西堆到二樓的貓房。

第二類就是工作室真正想要保留下來的物品。因為我們是要「大改造」，如果把所有東西都留下來沿用的話，那就不叫作大改造了，頂多只能稱做是「大掃除」。

這步驟需要嚴格執行斷捨離，到底哪些是該留下來的家具？如果只憑空想應該很難決定，所以當時我們其實是同時間一邊做空間規畫，一邊直接配合著設計圖評估，選出適合新布置風格的家具，再加上原本許多零碎的書、CD、DVD 或是其他各種工作生活必需品，全部挑選出來之後我們會把它們一併移到樓上小房間，最後才能看見一個沒有任何雜物、能夠真正從零開始改造的空房。

他們到底在幹嘛？

而在這個階段裡，貓咪們大多都感覺得出與平常不同的氛圍，他們能察覺得到空間一直在變化著，有些心思比較細膩的貓咪，甚至會開始緊張地找地方躲，或興奮的跑來跑去。

因此當時我們趁著房子裡的東西正在一邊整理時，同時也一邊忙著接送後宮貓咪們到朋友家借宿，當然在這個時候，我們也盡可能多捕捉一些照片，這些他們待在這舊後宮裡的最後畫面，等到他們再回宮時，這裡可就會完全不一樣了呢！

躲到門縫中間的浣腸。

設計與規畫

2018.03

當年剛搬來後宮時，因為預算有限，又沒什麼實際裝潢的經驗，而且當時也沒有預期要在這待多久，所以很多細節都只是將就著用，有些隨便。但隨著貓咪們慢慢多了，我們開始時不時會有一些「如果這邊有……貓咪們就可以……」的想法，所以這次的大改造，除了要讓我們方便做收納之外，也希望能兼顧貓咪的生活舒適度。

其實原本舊後宮的牆壁上，就有很多供貓咪玩耍、躲藏的層板，雖然貓咪很喜歡，也很常待在上面休息，但對我們來說，空間的利用上就有點可惜，那些層板所在的位置，如果同時也能有儲物功能的話，就更能彌補平面空間的不足了吧，於是我們想，何不將兩個功能合在一起？將耐重的儲物櫃釘在牆上，我們既可以收納，貓咪們又能在上面活動，光想像就覺得很不錯。

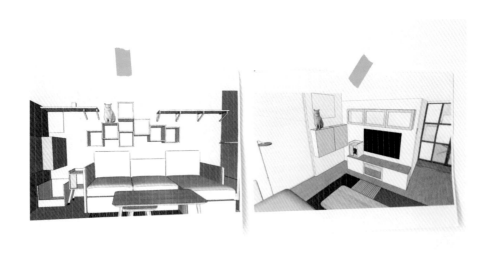

新後宮客廳的家具規畫圖。

收納箱兼貓階梯。

後宮大改造中，所以貓咪出門囉！

Before

深色的地板容易
找不到貓咪。

鋪好新地板，無家具的客廳。

After

改成淺色地板，
整體都亮了！

至於地板，我們將原本的深咖啡色改成了淺木
頭色，除了可讓空間看來更開闊明亮之外，
還能夠襯出貓咪們本身美麗的毛色，最重要的
是，拍攝貓咪時就比較不會使他們融入到背景
裡，畫面上也會更清爽整齊。

這片木板是 2017 年嚕嚕生病後，那次大改造特別設計的貓跳板，這次的改造因為收納空間的不足，雖然移除了大部分的貓跳板，但我們還是特地留下了這一塊，就是希望讓我們記得當時改造的初衷，不要因為各種原因，捨棄讓他們有更好生活的可能，無論如何都要記得好好把握當下。

最後還有一個重點是，在這次改造過程中，我們堅持一個原則，因為後宮貓咪們已經很習慣使用大置物盒來當貓砂盆使用，所以無論改造後要選什麼樣的家具，都不想要換別種款式的貓砂盆，也希望挑選的家具與原本貓砂盆的大小擺設都能夠適宜。就這樣，每個細節都經過我們反覆與家具公司討論修改，才有了現在新後宮的舒適樣貌。

睡爽爽……

●----- 很常吵架，卻很常一起窩在貓砂盆附近的冤家。

2018 年的擺設。

比較歷年客廳樣貌，現在的感覺好像被整骨般煥然一新。

有一段時期的影片都有這張紅色大沙發，但後來被貓尿給毀了。

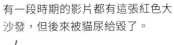

2017 年的擺設。

2012 年的擺設。

工作間窗戶之前被櫃子遮住，視野顯得狹窄，現在就寬敞多了。

前後一比較，就看得出差異了，
有規畫的收納和擺設會讓人跟貓的生活更舒適。

Before

客廳也增加了貓咪喜歡的隱蔽性貓櫃，多些地方讓他們躲藏。　●－－－－－－－－－－

以前的空間雖然方便他們跳上跳下，
但卻少了些給膽小貓躲藏的空間。

Before

貓咪外宿的日子

2018

進行大改造前最重要的一步，就是要安置後宮貓咪們，送他們出宮度假。其實早在幾年前，因為嚕嚕生重病而進行的那次大改造，其他貓咪們就已經有過集體出宮的經驗，而這次我們也讓他們去同樣的朋友家（檸檬家），畢竟挑選熟悉的環境，他們不用花太多心力去適應新環境，對他們而言還是比較好的，但這次不太一樣的是，嚕嚕是首次跟著大家一起外宿，對他來講一定多少會有些挑戰。另外，因為大家都去檸檬家的話，怕平常獨居習慣的 Socles，會不習慣同時跟那麼多貓相處，所以我們討論之後就決定要讓 Socles 來到我家（志銘家）。

陪他們吃晚餐。

這裏是……新家!?

快速逃跑的檸檬。

他們要出宮的那天,正是我們如火如荼打掃整理的清空日。第一批出宮的是阿瑪、柚子、嚕嚕、三腳,前面三位都是 Socles 比較排斥的公貓,所以我們先把他們接走,而三腳只是剛好不小心出來晃晃,結果就被裝籠了。

第二批出宮的則是招弟與浣腸,其實原本是打算讓浣腸第一批離開的,但因為他太緊張躲起來,我們一時抓不住他,才會讓三腳先去。至於 Socles 就是等到晚上才跟著我回家,不過因為她比較晚離開,而且一整天下來肯定有感受到環境漸漸變化,而產生緊張感,再加上其他貓咪們已經陸續被帶走,所以我們使用洗衣袋想讓她安心一點。還好最後大家都很順利的移動,真的是辛苦他們了!

後宮占滿了檸檬地盤，他們的位置剛好展露出各自地位。

阿瑪最高。

嚕嚕最低。

天啊！我的地盤被霸占了？

這就是檸檬本貓，當時大約 4-5 個月。

剛到檸檬家的第一晚，浣腸、招弟、阿瑪、三腳都馬上適應，幾乎是一走出籠子就像回到自己家一樣放鬆，倒的倒、趴的趴，反而是柚子比較讓人出乎意料，不知道是一時忘記這環境的氣味，還是有其他原因導致，柚子一開始是躲在籠子裡不肯出來的；除他之外，嚕嚕一開始也是稍微緊張的狀態，但這就比較好理解了，畢竟他是第一次進入這個環境，基本的陌生還是會有的，不過還好嚕嚕與柚子都只隔了一個晚上後，就都恢復正常的模樣，開始適應檸檬家的環境了。

大夥都適應之後，這群貓咪之間似乎開始默默重新地位洗牌，後宮六貓的地位高低看起來都沒什麼變，阿瑪到了檸檬家還是老大，而且檸檬（是一隻貓）似乎也感受到了阿瑪是老大的氛圍，平常在家總欺負另外兩隻比自己大的貓，但遇見阿瑪，他卻不敢造次，光是阿瑪緩緩朝著他走來，就能夠讓他嚇得落荒而逃，阿瑪的威武之勢可見一斑。

阿瑪一句話也沒說，檸檬就被嚇到了。

127

被檸檬主人打扮成花朵的阿瑪。

而一開始有點緊張的柚子與嚕嚕，後來也都適應得非常好，尤其是柚子，簡直與檸檬變成了好哥們，他們的運動細胞與好玩程度都旗鼓相當，相處起來自然是沒什麼隔閡，反倒是浣腸，雖然一開始好像對環境沒什麼緊張感，但跟陌生貓咪相處過後，對檸檬還是有點畏懼或害羞，常常見到檸檬就會下意識想躲起來，不過檸檬忙著跟柚子葛格玩都來不及，哪裡有時間理浣腸呢？

至於 Socles 來到我家，本以為她能跟我家裡的 Kimi（同樣也是隻母貓）處得很好，沒想到她們一見面就不合，整天上演女子鬥爭的戲碼。

可能是因為她們都太親人了，所以才都想要霸占我，兩貓都不想讓我去陪對方，只要我一靠近其中一貓，另一隻貓就會大叫。

這點實在讓我受寵若驚，也有點不知道如何是好，因為平常 Kimi 在家裡，或是 Socles 在後宮，雖然都很喜歡人，但也沒有到需要這樣與人形影不離的地步。

志銘是我的（`o´）！

志銘是我的（`A´）！

Socles 跟 Kimi 爭風吃醋。

Kimi 心裡有心魔。

我不想看到
Socles！

對 Kimi 而言，也許是覺得家裡有個外來
者，所以突然發現我的好了，想要我好好
留在她身邊，而對 Socles 來說，到陌生環
境之後的她，面對身處異地的不安，自然
就更需要我這個唯一熟悉的依靠吧。

總之，面對這次後宮貓咪們的集體出宮住
宿，大致上都還算和平，雖然兩隻母貓到
最後還是沒有變朋友，不過也都算是相安
無事；而檸檬家的幾位，從他們的照片就
可以看出，應該是有了十分不錯的住宿體
驗，當時要接他們回宮時，他們還一副不
想離開、依依不捨的樣子呢！

回宮後的新生活

2018

改造完成後，除了環境變明亮乾淨，收納空間變多以外，最大的改變應該就是，Socles 不必再獨居了！

這實在是我們原先沒有預料到的驚喜，原本想先帶 Socles 回宮，是因為她比較容易緊張，所以讓她早一點熟悉味道，結果回到後宮的 Socles 一走出籠子時，沒有什麼緊張害怕，反而對新環境充滿好奇，而且竟主動在客廳優閒探索起來。

這個舉動讓我們很驚訝，就想著，不如就讓她待著吧，等其他貓回來，或許會有什麼讓人意外的收穫。

難得跑到外面吃飯。

在外面吃飯感覺也不錯啦。

Socles 就這樣在客廳、房間、樓上、樓下都繞了一大圈，兩三個小時後，她仍在四處探索著，其他貓咪們一進門，也被眼前這新後宮驚呆了，個個都開始四處探險，根本沒有貓關心「Socles 也在外頭」這件事；而 Socles 同樣無心理會他們，再加上她比大家早回來，也許在某個層面的意義上，Socles 變成了新後宮的第一隻貓，她的地位也就在無形之中被默默提升了。

除了這個最大的改變之外，其他部分其實都在我們的意料之中，人與貓的空間變得更多了，貓咪躲藏、玩耍的祕密基地也變豐富了，一場以貓為本的空間大改造，當然也就使得貓咪們與我們的感情變得更親密了。

入住新後宮的大夥們。　●－－－－－－－－－－－－－－

白色系家具配黑貓，是黑貓的一大福音。

起初，他們很喜歡沙發上的抱枕，幾乎每隻貓都在上面睡過幾次，不過好景不長，大概才過了一個月左右，所有的抱枕都被浣腸用尿摧毀了，以及上面阿瑪躺臥的黑沙發，也一併被毀了，最後只剩下不吸水的皮沙發，僥倖存活著。

各占一個抱枕的畫面，已不復存在。

阿瑪底下的黑毯子，也被尿毀了，呵呵。

04

A CAT LIFE

貓真的沒有九條命

高齡化的生活，與老貓相處

嘿！

漸漸高齡化的後宮生活

生老病死是每個生命必經的過程，後宮貓咪們也不例外，想當年遇到他們時，大家都還是小孩或正值青壯年，如今幾年過去了，柚子、浣腸不再是小朋友，招弟、Socles，也漸漸成熟穩重，而阿瑪、三腳、嚕嚕，也正式進入了高齡化的生活。

高齡化的後宮並沒什麼不一樣，畢竟他們本來就也不事生產（笑），最大的改變還是他們的性格。隨著體力的改變，他們普遍不再那樣急躁衝動，也不再那樣活潑有生命力，他們面臨的是，大小病痛將毫無預警接踵而來。

在 2018 年，後宮老年三貓組先後因不同原因住了院，還好經過醫生與我們一同細心照護之後，現在他們都已沒有大礙，不過回想起每一段過程，都還是覺得心驚膽跳，也想再次勸大家，領養毛孩子回家前，對於他們的醫療照顧觀念與心理準備，是一定要好好想清楚的喔！

最喜歡曬太陽的阿瑪。

屁屁的逆襲

阿瑪的屁屁戰鬥史

哎喲……

身為基因強大的米克斯貓，阿瑪的健康狀況一直都很不錯，每年的定期血檢尿檢，多半也都有很棒的好結果，不論血糖、腎指數也一直處於正常的數值，不太需要擔心。只是阿瑪的皮膚似乎一直特別敏感，總是發生相關的毛病，尤其這幾年來，他真的深深為他的屁股而苦惱。

早在 2017 年初時，就發現阿瑪偶爾會有軟便的現象，帶他看診過後，除了藥物還讓他服用一些像是益生菌之類的保養食品，往往就可以暫時改善。但當時我們就有發現，阿瑪與其他貓不同的是，他明明都與其他貓吃同樣食物，為何偏偏只有阿瑪會軟便呢？於是我們需要不停尋找適合阿瑪的食物，只要有軟便現象就需要更換。

另外我們想不透的是，一般貓咪便便完會自己清理屁屁，就算是軟便，也會想辦法讓自己屁屁保持乾淨，但阿瑪不一樣，他每次只要軟便，過幾天屁股就會黑黑的，細細查看後才知道，那是因為大便乾掉黏在屁屁上，所以我們就必須常常幫他用生理食鹽水清理，但每次都會讓他非常憤怒。

這樣的黑屁屁其實滿常發生，甚至因此細菌感染，屁屁會紅紅的一片，這就像我們人類的破皮，雖然只是外傷，但其實非常痛，況且是在屁屁這樣脆弱的地方，阿瑪常因此痛得哇哇大叫，十分讓人不捨，我們就會馬上帶阿瑪去住院，方便醫生每日監控治療。

上很小很小的廁所。 •------------------------------

阿瑪常軟便的狀況，可能原因其實非常多，其中一個可能是，因為他年紀漸漸大了，開始對於一些容易使他過敏的成分，變得更加沒有抵抗力，從前年輕可能還撐得住，現在可能就要盡量避免，這點其實也讓我們非常困擾，因為後宮貓咪們很常吃主食罐頭，但阿瑪現在幾乎只要吃濕食，就特別容易軟便甚至是拉肚子，其他貓咪卻都沒事，我們換過各種品牌各種不同的肉類，阿瑪就是特別敏感，後來我們就盡量給他單純的乾飼料，才慢慢減緩了軟便的發生。

朕好忙！

起初我們一直認為，阿瑪之所以無法清理好屁屁，是因為軟便而且太胖，後來我們替他減重，他屁股卻仍然會時不時紅腫發炎疼痛，才發現又有新的問題：肛門腺腫脹。

對於一般健康貓咪來說，其實不太需要刻意替他們擠肛門腺液，但阿瑪可能因在後宮的地位穩固，不太需要靠著排除肛門腺液來占領地盤，才會導致它阻塞腫脹甚至破裂，醫生建議替阿瑪做摘除肛門腺的手術。

雖然這是個小手術，沒什麼風險，但我們還是考慮了好幾個月，一方面是因為阿瑪年紀大了，不忍心看他還要承受手術的辛苦，一方面是害怕摘除肛門腺，會讓其他貓們無法透過肛門腺的氣味來認得阿瑪，威脅到他在後宮的地位（很怕他被逼宮），才遲遲無法下定決心，直到後來是因為肛門腺又再一次破裂，我們實在不想再看到他這樣痛了，才終於下決心讓他動手術。

在籠子裡不想出來。

啊……朕又變成一朵花了。

戴上防舔頭套的阿瑪。

還好手術後的阿瑪一切都好，肛門腺的問題解決了，他的地位也絲毫沒受到影響，其實貓咪們辨認同伴的方式有很多種，肛門腺的氣味只是其中一個而已，阿瑪的英氣逼人，我們之前實在是太過擔心了！

原本以為一切都會好轉，阿瑪再也不用受屁屁苦了，沒想到幾個月後，阿瑪又再次因屁屁住院，明明肛門腺都摘除了，怎麼還有傷口呢？原來這次是因為跟其他貓打架造成的。

怎麼打的我們無從得知，但兇手幾乎是可以確定的，目前後宮裡敢跟阿瑪正面衝突的，應該仍然只有嚕嚕，可能是他們激烈爭吵時，嚕嚕傷到阿瑪屁屁，阿瑪屁屁又特別脆弱敏感，一不小心就發炎紅腫了，還好我們及早發現，才沒有引起其他感染，病情也就順利受到了控制。

阿瑪住院時把醫院當自己家了。●- -

歡迎光臨朕的家喔，請坐。

阿瑪與屁屁大魔王的纏鬥，就這樣前後經歷了兩年，這段期間幾乎每次住院，都是為了那邪惡的屁屁，阿瑪一定恨死他的屁屁了！

還好摘除肛門腺之後，現在已經很少再發生那麼嚴重的發炎，也沒再發生過因為打架而讓屁屁受傷的狀況，雖然偶爾因為外在刺激（軟便、打架、過敏等因素），還是可能讓他屁屁再度復發，不過也都只是較輕微的紅腫，給予一些輕劑量的藥物或是保養噴霧就能得到控制，總之，我們慢慢努力學習著照護阿瑪的病情，而他應該也越來越懂得，與自己屁屁的相處之道了吧！

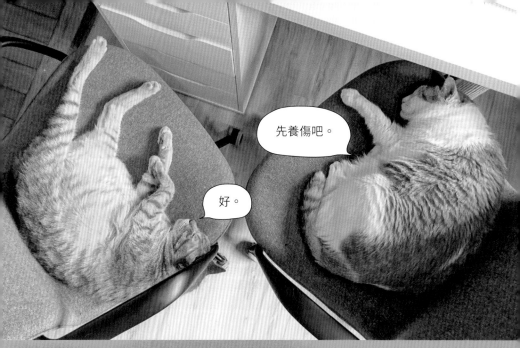

先養傷吧。

好。

- ● 兩位老將近期較少決鬥了。

朕的屁屁好像比較舒服一點了,舉手萬歲!

不再愛吃了

三腳口炎全記錄

記得以前三腳剛到後宮時，身材清瘦苗條，甚至因為她消瘦的臉龐，看起來總有種刻薄的感覺，不過時間一久，因為她不挑食又勤儉持家的食量，三腳雙頰的肉漸漸厚實了，身體也變得越來越穩重，可以說是一步一步耕耘，經過努力才換來她身形的豐碩成果呢！

像三腳這樣的貓咪，一旦身體不舒服，通常很容易察覺，因為平常實在太愛吃了，如果某天突然不吃或是吃得太少，就能馬上令人聯想到「她不舒服」的可能性。

2018 年四月，她突然連續兩天食欲變得很差，更確切的說應該是，她是有想要吃飯的，但當她走到飯盆前，咬了幾口就會一直做出舔舌頭的動作（後來才知道這就是口炎的病徵之一），接著就放棄不吃了，一開始以為只是還不餓，或是趁我們不注意時，她已經先進食過，但連續幾餐都是如此，我們就馬上帶她去檢查。

檢查的結果就是口炎，而且剛好三腳發病的那陣子，嚕嚕也有類似的口炎問題發生，當時醫生針對兩貓都是開了類固醇藥物來做治療，剛吃藥沒幾天，他們兩貓就都很明顯好轉，食欲大增且有活力，看他們恢復得如此好，我們自然就放心了。

三腳突然變白眼，嚇死大家了。

沒想到約一個月後，某日傍晚三腳右眼突然整個呈現混濁白色狀，乍看之下以為是白內障，但明明中午見她還是正常的啊？忍住所有疑惑與擔心，緊急送醫檢查後，才發現這不是眼睛本身出問題，而是因為高血糖（高達 500 多）高血脂造成脂肪覆蓋著眼睛，才會呈現眼球上的白霧狀。

往前追溯用藥紀錄，推測很有可能是因為，三腳對於類固醇的耐受力比一般貓還要低很多，因為同時期服用類固醇的嚕嚕已經好轉，但三腳卻引發這樣的反應。其實一般貓咪相較於人類，對於類固醇的耐受力好很多，效果好副作用又低，所以很多疾病都會先以類固醇藥物來做治療，通常會有極好的效果。

既然三腳的身體無法接受類固醇，我們只能緊急停藥，同時給予胰島素來降低她的暫時性高血糖，很快的，她的血糖降回正常貓咪的數值，但隨之而來的，卻是她眼睛出現了抓破的傷口，還有再度低落不振的食欲。

不想吃。

看著碗卻一口不吃。

之前眼睛變白，是內部因高血糖血脂而造成的，但停了類固醇之後，很多過敏發炎反應無法再被抑制，就一併爆發在各項病徵之上，三腳可能因此眼睛不適，才會試圖抓它造成破裂的傷口，同時也因為沒有類固醇的幫助，使得口炎的疼痛再度劇烈困擾三腳，因此沒了食欲便是很自然的反應。

這時醫生一方面要治好三腳的眼睛，另外還要讓她口炎的疼痛減緩，除了點眼藥水外，還需要戴頭套避免眼睛再度被抓傷；至於口腔的部分，則是用手術將三腳的後牙及唾液腺拔除，藉此能讓她受到牙齒感染的機會降到最低，除此之外，還加上每週約三次的雷射治療做為輔助，並讓她服用少量嗎啡止痛液，希望能讓她減輕疼痛，才能盡快進食獲得養分。

這樣子的調整之後，三腳眼睛的確明顯有了好轉，血糖血脂各方面數據也都降回正常數值，只是食欲雖然有進步，卻仍然不太穩定，時好時壞。

於是與醫生再進一步討論過後，決定再重新給予三腳類固醇，只是這次劑量很低，目的是希望能利用到類固醇的效果，抑制三腳口炎的症狀，同時需要施打胰島素，控制住血糖。還好後來結果證明了醫生的建議是對的，再次使用類固醇後，三腳很快又開始有了食欲，而且因為劑量很小，才不至於讓她再次發生強烈副作用。

三腳跟浣腸都滿愛在櫃子裡睡覺。

155

造成口炎的原因很多，三腳是屬於淋巴球性-漿細胞性口炎，也是屬於比較大範圍且更難控制的口炎，目前沒有辦法確定發生原因為何，只能盡量根據病徵加以控制。而三腳的狀況比較像是自體免疫系統亢進所造成，所以需要藥物壓制她的免疫系統，類固醇本身也有這個功效，但因為三腳狀況特殊，必須以尋求其他藥物來控制，而這藥物就是免疫抑制劑。

心好累。

● 三腳難得來討摸摸。

能夠這樣張嘴打哈欠，就是代表口炎被好好控制住了。

免疫抑制劑費用很高，本身屬於有苦味的油劑，一般貓咪都難以接受，而且需要服藥較長時間才能開始產生功效（約十幾天以上），所以往往有同樣疾病時，不會是最優先的選擇，而對三腳來說，免疫抑制劑卻剛好能當作類固醇的替代。類固醇加上胰島素的治療方式持續了約一個月，血糖也持續穩定之後，就開始停止施打胰島素，同時也漸漸減少類固醇的劑量，正式以免疫抑制劑取代它的療效。

直到現在，三腳已經不再需要施打類固醇及胰島素，只需要定時服用少劑量的免疫抑制劑，再加上乳鐵蛋白（算是一種保養品），口炎就得到穩定的控制，每個月定時的回診檢查，各項生理數據也都非常正常，現在每回醫生們見到三腳，反而還要提醒我們注意她的體重，萬萬不可讓她再胖下去了呢！

英雄的傷痕

嚕嚕 2018 住院紀錄

兩年前嚕嚕生了那場大病後，我們就對他的腸胃特別關
注，時常觀察他對於食物的反應，也盡量避免他進食的
速度過快，很怕哪天又會舊疾復發，還好兩年來嚕嚕的
身體狀態都還算穩定，不太讓人擔心。

● 萌萌的肉球裡，暗藏著凶器。

而當時嚕嚕住院一個多月回到後宮後，與眾貓咪們的相處關係也隨之有了些改變，那陣子他與阿瑪、三腳的關係好轉許多，老貓們像是同情他的遭遇般，不再處處針對他，後宮也因此少了很多吵鬧紛擾；反倒是年輕組的貓咪們，大概還是無法像老貓那樣成熟穩重吧！

在多貓家庭裡，還是不可避免的有所爭執，畢竟人都會吵架了，貓咪的社會當然也會如此，不過因為也只是偶爾吵吵架，不至於大打出手，我們也沒有太過於擔心。

哼，我會好起來。

耳後腫了一顆小膿包，馬上帶去手術。

2018 年七月底，我們發現嚕嚕的耳朵有很明顯的髒污，幫他清理過後，仍然無法完全乾淨，於是帶他去醫院清理順便檢查，檢查過後才發現耳朵內側有個小傷口，疑似是打架或是嚕嚕自己抓傷造成，我們至今無法確定，當時醫生開了藥之後，我們就帶嚕嚕回宮休養。

原以為只是個小傷口，沒想到幾天後嚕嚕的耳朵卻腫了起來，甚至還有化膿的現象，醫生為他進行手術引流清創，並安排住院，經過每日換藥並持續觀察傷口的變化，持續了一兩週才痊癒。

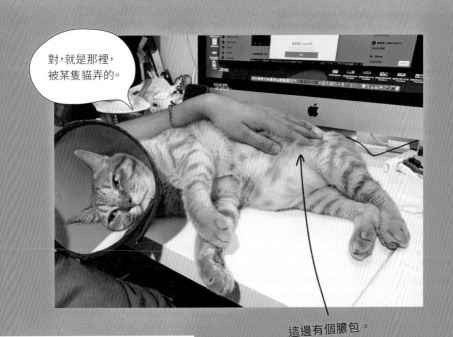

這邊有個膿包。

- - - - - - - - - - - - ● 動完手術後，住院中。

2018 年十月，某日午後嚕嚕照常在辦公桌上撒嬌討摸，狸貓一邊工作一邊撫摸著他，突然發現他肚子好像濕濕的，撥開毛一看才發現有個異常的膿包，趕緊帶嚕嚕就醫。

經過檢查後發現，竟和七月那次的傷口是類似的情況，有極高可能性是因為打架造成的傷口，並因此導致為蜂窩性組織炎，而且不只是肉眼所看到的這個小膿包，這是傷口往外擴張的膿包，但同時往內也有細菌侵蝕，所以又需要再次動清創手術。

雖然經過治療休養之後，現在嚕嚕的傷口已經痊癒，但他與貓咪們之間的關係又再一次使我們困惑，原以為已經和平的狀態，似乎不如想像中的美好，一直以為大家接受嚕嚕了，但事實似乎又不全然是如此。

嚕嚕是個不太會吵鬧的貓，他心裡如果有抱怨，頂多是碎念個幾句，就算我們不照他想要的做，他也只是安靜認命，不會大肆喧鬧，這點就與阿瑪非常不一樣。嚕嚕十月那次住院時，正好也遇到阿瑪因屁屁問題在院治療，兩貓同時在醫院，就更能看出他們性格上的差異。

冤家的對話。 ●---

兇手，給我出來道歉。

嚕嚕對不起。

放我們出去！
放我們出去！

當時他們同時關在病房籠子裡，兩貓都不想被關，但阿瑪特別會大聲吵鬧，而且他屬於怎麼叫都不會善罷甘休的類型，只要沒被放出籠，他就可以叫一整天，整間醫院一整天都是他的叫聲，這就是阿瑪，有一種不屈不撓的倔強；相較之下，嚕嚕就不太會那樣強烈表達自己的意見，應該是說，他不擅長用「聲音」來表達意見，他比較習慣用「肢體」來表達不滿，像是被剪指甲時他會用嘴巴咬人，跟別貓打架時，他也比較習慣直接動手，而不是大聲叫囂來虛張聲勢，就算要叫，他也只是低聲叫個幾聲，單純把想說的話說出來而已，而不像阿瑪那樣，企圖讓聲音傳到最遠的每個角落。

我不確定在貓咪的世界裡，是不是大聲就比較有優勢，但我知道對人類來說，肯定是會叫的貓比較有糖吃，會叫的貓也比較有機會受到關注。嚕嚕這樣的個性，就算被別貓偷襲了，也不會像招弟、浣腸、Socles那樣大聲咆哮，我們自然就無法在第一時間發現，雖然嚕嚕也不是省油的燈，他不是被欺負就忍著的類型，當他憤怒還手時，往往是先聽見別隻貓的哀號求救，我們才能即時阻止，但很可能我們發現時，嚕嚕早已經受傷卻沒有被察覺，才因此必須經歷這兩次手術住院的磨難。

你的骨頭……

好軟!!

有了這些教訓後,現在我們也常常讓嚕嚕待在小房間裡,尤其晚上沒人顧著時,更直接讓他與 Socles 在裡面隔離,等早上狸貓打開門,才讓眾貓們自由進出。因為嚕嚕與 Socles 之間沒什麼交集,雖然 Socles 不太喜歡公貓,但嚕嚕並不會對她出手,更不會有鬥毆事件發生,相較於其他貓咪們,Socles 是比較適合與嚕嚕共處一室的。

或許這樣的處理方式也只是治標不治本,但這也是多貓家庭難以避免的難處,面對各方面的考量,我們還是必須有所取捨,不讓貓咪們受到傷害,就是我們心裡最優先的考量,至於如何讓一切更好更圓滿,就是我們必須一直持續努力克服的難題了。

照顧老貓最重要的事

每天的關心

回想起從以前到現在，我們最常被問到的問題之一就是：「養貓會很難嗎？養貓該怎麼養呢？」我們的回答都是：「養貓不難也不簡單，只要有心，就能把他們照顧得好！」

其實我們以前剛遇見阿瑪時，也只是兩個什麼養貓知識都不懂的大學生，但不知不覺卻也陪著他們好幾年了，這些年來，我們越來越懂貓咪，也越來越懂得與他們相處，原因沒有別的，只是因為我們想要他們過得更好，活得更久。

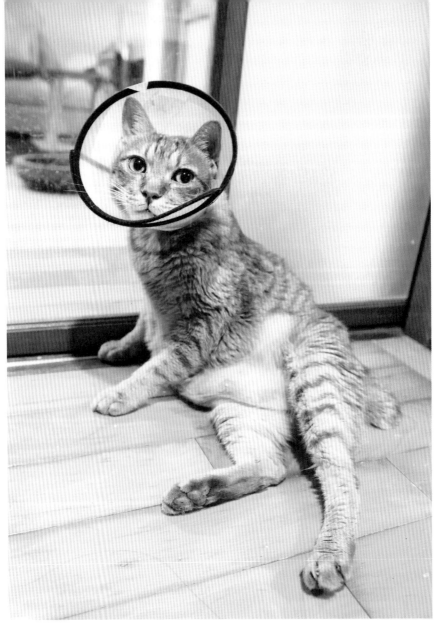

戴著頭套耍嫵媚的嚕嚕。 ●--------------------------------

兩隻老貓同時住院養傷，其實還滿和平的。

這次老貓組的這三段生病紀錄，對我們來說都是非常煎熬的歷程，雖然後來都沒有大礙，但是很難想像，如果一開始沒有即時發現，後果該會有多麼難以控制。大家一定要記得的是，貓咪是很能忍耐痛楚，我們除了每天的基本照護之外，更要常常給予他們關心，每天花一些時間看看他們、摸摸他們，不只是增進與他們的感情，更能藉此提早察覺任何異狀，以免延後發現任何病情，耽誤到原本可以簡單順利的治療。

希望天底下的每隻貓咪都能有溫暖舒適的家，都能有健康快樂的生活，最重要的是，都能有真心愛著他們，永遠不會忘了他們的奴才。

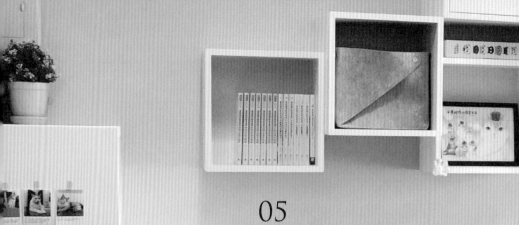

05

CATS & PEOPLE

奴才與小幫手

私訊、結語

妙妙妙私訊（三）

從第三本書《被貓咪包圍的日子》，我們開始分享日常經典私訊，受到了很多迴響，大家看熱鬧（笑話）之餘，好像也漸漸懂得奴才與小幫手們的辛酸了（笑）！

2018 一整年，阿瑪的各大社群平台依然不斷的收到各式各樣的訊息，一樣有想跟阿瑪打招呼的、打屁聊天的、或要我們傳一堆照片給他的、一直傳讚卻不許我們回讚的……訊息仍然很多，小幫手也因此常常精神不濟、雙眼無神，在這邊要請大家再次給小幫手最熱烈的掌聲！

以下我們蒐集了今年度的妙私訊（本集從 60 號私訊開始），還是希望大家保持輕鬆愉快的心情閱讀，也許讀完之後，你會感到懷疑人生，不要灰心，黑夜總會過去，明天太陽還會升起來，人生還是會充滿無限希望的呢！

子民　貓咪有陰陽眼嗎？

 有，不然怎麼看得到你。

 子民　請問可以傳三腳各個角度的照片給我嗎？

 子民　所以有嗎

 有什麼？

子民　免費的貓，有嗎？

有，狸貓免費。

【60】小幫手跟你開玩笑的啦，平常小幫手 Po 太多送養文，工作壓力有點大。

【61】阿瑪有 IG、粉絲團，上面都有好多照片，想看誰就看誰！

【62】免費的貓都在收容所，還有網路上的送養文喔，領養大部分都是免費的，雖然有些會酌收一些補助（結紮＆伙食費），但通常都不會花到太多錢喔。

子民　請問你是黃阿瑪本尊嗎？

子民　請問你是黃阿瑪本尊嗎？

子民　請問你是黃阿瑪本尊嗎？

 👍

子民　可回我國字嗎？

國國國國國國國國國國國國國。

子民　Socles小時候看起來怎樣？

跟你的鼻孔一樣黑。

子民　請問養貓養久了會不會有貓的味道？

當然不會啊，貓都會自己去洗澡。

子民　請問想養貓除了餵食和清貓砂還要做什麼？

要很會賺錢。

【63】國國國國國國國國
是以前玩線上遊戲，常用
來干擾其他玩家的文字攻
擊，沒想到這個知識（？）
有一天能派上用場。

【64】黑貓小時候，跟現
在基本上是一樣黑的（感
覺好像說了一段廢話）。

【65】其實貓咪大部分時
候都是香的啦，除非沾到
屎尿，所以基本上貓咪是
不用太常洗澡的哦（然後
貓不會自己去洗澡啦）。

【66】這句話雖然乍看之
下很膚淺，但養貓除了要
有愛之外，還要懂得工作
賺錢，所以錢很重要，畢
竟養貓要伙食費，還要醫
療費呢！

子民
安安!我家裡有11隻貓!...越生越多

期待你下次密朕的時候是111隻。

子民
黃阿瑪的後宮您們有在徵才嗎?因為我在台中市豐原區我不能跑太遠,我會照顧貓咪以及陪貓咪玩,也會餵飼料給貓咪吃。

我們目前沒有徵求會照顧貓咪以及陪貓咪玩,也會餵飼料給貓咪吃的人耶!但不知道你會不會跳火圈或是徒手劈斷水泥牆呢?

子民
我不敢用跳火圈,因此我從小被香火到腳,所以我害怕跳火圈,我不會徒手劈斷水泥牆喔,黃阿瑪後宮謝謝您們。

【67】如果沒有想養到111隻或更多貓的話,無論公貓或母貓,都建議帶去結紮喔,尤其是母貓,未結紮容易有一些相關疾病產生。

【68】這則是小幫手回的,小幫手應該也是壓力非常大,真是辛苦她了。

【69】想要跟阿瑪聊天竟然還限制時間?真的是太小瞧阿瑪了!哼哼!

子民
敢問皇上是否有空陪小女子聊聊天?

子民
女子平日可聊天時間12:30~21:30
假日上午10:00~下午9:00
皇上如果沒空,小女便不強迫。

朕目前有空的時間是…… 隔了幾分鐘後。

竟然沒有!

子民　我可以當狂讚士嗎？

那我可以不回你嗎？

子民　阿瑪家的地址給我。

為什麼？

子民　因為我想去你家。

但朕不想讓你來啊。

子民　那我就一直按電鈴啊！

還好我們沒有裝電鈴。

子民　那我就按一樓的電鈴。

可是我們這邊沒人有裝電鈴啊。

子民　那我就打給狸貓與志銘。

已讀不回。

【70】其實狂讚士一直都存在於私訊中，小幫手一天大概會遇到 10 ～ 20 個狂讚士，好辛苦。

【71】小朋友，來阿瑪家很麻煩、很遠，而且貓毛非常多，一進來你的鼻子就會因為紅腫過敏開始流鼻水，眼睛也會開始腫脹難耐，讓你馬上就想回家，所以小朋友們，不要再想來看阿瑪了好嗎？而且阿瑪很忙，要吃飯還要睡覺呢！

子民　請問一下,如何教貓咪使用line?

　你要先比貓咪聰明才能教啊。

子民　請問可以給我阿瑪和其他六隻貓的照片嗎?如果不行也沒辦法。

子民　拜託請你回答我,如果可以的話就傳照片給我就好,謝謝您。

你也有一個請求,有點突然,請問可以給我你的老師跟爸爸媽媽的電話嗎?我們有點事想跟他們說。

子民　怎麼了我幫您跟他說

我覺得親口說比較好。

子民　那請你等我一下喔……

子民　我媽說,打擾你們了,不好意思。

子民　黃阿瑪!我女兒非常你喜歡看你的影片……可惜他得癌症,希望你們可以多拍一點影片,在他生命到了盡頭之前,可以看你們的影片。

辛苦了……Youtube上面有很多影片,希望她開心。

【72】貓通常都比人類聰明（誤），所以阿瑪有Line，而且裡面有很多小創意，在這就附上阿瑪的Line「@sbq7719e」。

【73】小幫手不小心就嚇走了小朋友，如果小朋友是要拿來做作業的話，可以在臉書或 IG(fumeancat) 找看看喔。

【74】希望每個看阿瑪影片的人，都健健康康、開開心心，身體不舒服或是心裡不舒服，都能得到很好的改善！

178

子民　狸貓是哪裏人？

清朝人。

子民　那志銘是哪裡人？

志銘是唐朝的

子民　已讀不回。

子民

你好！
我想問為什麼狸貓你叫狸貓，
是不是因為你像狸貓？

不是，因為狸貓上輩子真的是狸貓，
這是透過通靈術發現的，不能對別
人說喔。

子民

嗨～我想跟阿瑪視訊。

可是跟阿瑪視訊要脫光光，因為
阿瑪也都沒穿衣服。

+ 📞 ⚙ ✕

【75】志銘跟狸貓，都是
地球人，謝謝各位。

【76】狸貓會叫狸貓的原
因，已經在志銘與狸貓的
QA 影片中回答過了，絕
對不是因為他的前世是狸
貓喔。

【77】這則訊息我們確
實回得比較誇張，但我們
敢發誓，我們沒有讓阿瑪
跟別人視訊（？），也沒
有要求阿瑪脫光，因為他
本來就真的沒穿衣服⋯⋯
然後小朋友們，不要再跟
阿瑪要求開視訊了啦！如
果有陌生人要你脫光光視
訊，絕對不要答應喔。

子民 嗨〜我連續兩天夢到你們，是發生什麼事？

 我昨天也夢到你欸，為什麼？

子民 我不知道。

 我夢到你一直傳訊息來。

【78】每天都會夢到一堆人傳訊息來……但其實跟大家聊天很療癒（？）吧。

【79】難得跟小朋友一起幼稚，但默默的就被已讀不回了。小朋友，我們特地跟你聊天，就是希望你未來能好好愛動物，不要虐待動物，想要養貓，能領養就用領養的方式喔！

子民

子民

子民

子民 你好，你為何要特地跟我講話呢？你不是很忙嗎？我是8歲小孩。

 朕明明沒講話，只有按讚（這句不算講話喔。）！

子民 已讀不回。

子民　別已讀不回！

 你要我回什麼？

子民　回一下。

 你不知道我快要累死了嗎？

子民　哦，抱歉。

 我要打電話給你。

子民　你打啊！

 已播出……　隔了幾分鐘後。

子民　沒接到任何電話啊
　　　這裡是誰在回的啊？

 我已打給你了你為什麼不接？

子民　沒人打給我RRR

 我很難過，你騙人！！！！！

＋　📞　⚙　✕

【80】看完這則訊息，應該有深深感受到小幫手的崩潰吧？竟然壓力大到開始自導自演了，但小朋友，不要一直在意誰誰誰有沒有回覆你訊息，你應該在意的是你自己。

比如說，今天老師交代的事情，你有什麼感想？又或者你覺得老師做得不好，如果你是老師，你又會怎麼做呢？

天啊，我們真的瘋了，我們到底在講什麼？

子民　我能學貓語嗎？

可以啊。

子民　怎麼學？

首先先學貓叫。

子民　貓！

是喵！

子民　喵！

先這樣叫三年。

子民　已讀不回。

子民　我好想買你們的書！但媽媽不讓我買。

那趕快當個乖小孩，每天幫忙做家事，有一天媽媽覺得開心就會買給你！

＋ 📞 ⚙ ✕

【81】有時候跟貓咪相處久了，在某些時候的人貓互動，你可以感受到貓咪在那個當下，喵了那些話代表什麼意思，所以我們在影片中加上字幕，看起來就變得很像真的可以對話囉。

【82】閱讀可以讓你累積前人的智慧與心血，幫助你思考更多養貓時不會注意到的細節。

子民　阿瑪!

子民　還是三腳?

隔了一天……

子民　阿瑪!

子民　你又不回了。

【83】其實很多小朋友真的會想透過私訊與後宮貓咪們對話,除了這種單純打招呼的,也有些人會與阿瑪吐露自己的心事,不論他們是不是真的覺得阿瑪在與他們對話,但既能夠靜靜聽人訴苦,又不會大嘴巴到處張揚的,大概就是阿瑪獨特的魅力所在了吧!雖然繁忙之餘,我們很難一一回覆大家的心情,但如果偶爾能透過他們來療癒大家,也算是讓人欣慰的事了!

小幫手的心聲……

子民　已讀不回。

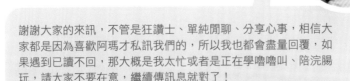

謝謝大家的來訊,不管是狂讚士、單純閒聊、分享心事,相信大家都是因為喜歡阿瑪才私訊我們的,所以我也都會盡量回覆,如果遇到已讀不回,那大概是我太忙或者是正在學嚕嚕叫、陪浣腸玩,請大家不要在意,繼續傳訊息就對了!

183

志銘想說

前幾天阿瑪的 youtube 頻道剛破了一百萬人訂閱,當時我人雖不在後宮,心裡面還是忍不住一直回想起這幾年來的點點滴滴,說真的,這段路程說短不短,說長也不是很長,但對我們來說,實在是不可思議的一段旅程。

從不愛貓到愛貓,從學生到出了社會,從不露臉到各自創立了頻道,這其中所做的每個決定,都充滿了不確定,卻也充滿了刺激與冒險。

有時候看著阿瑪的魅力越來越壯大，就覺得世界很美好，但再看到新聞媒體裡，那些層出不窮讓人難過的動物虐待事件，又覺得自己待在這同溫層裡，是不是太過於樂觀了？那些在社會角落裡仍然受苦著、擔心受怕的每個生命們，還要多久的時間才能解脫呢？

這個問題似乎短時間內不會有答案，我們只能繼續藉著阿瑪及後宮們的能量，持續默默努力發聲，希望真有一天，大家都能記得我們想傳達的信念，讓每個生命都能不再害怕，平安地活著，也希望大家都能記住：阿瑪是米克斯貓（混種貓）！米克斯也可以跟阿瑪一樣可愛喔！

狸貓想說

不知不覺就連續每年都各出一本書，到這本就是第五本了，藉著出書的機會辦幾場簽書會，也已經變成這幾年跟你們互動的方式了，雖然辛苦但也甘之如飴。

阿瑪和後宮們的生活看似平靜，卻一直有忽大忽小的變化，2018 是經歷很多老貓大小病痛的一年，也更讓我們得隨時互相提醒著：「吃藥了沒？吃營養品了沒？阿瑪屁股噴霧噴了沒？」各種擔心都讓我們變得好像爸爸媽媽一樣嘮叨，如果他們聽得懂我們說話，一定覺得很煩吧。

而我覺得今年改變最大的就是三腳吧，原本看起來都沒什麼病痛的她，忽然眼睛變白，一連串的檢查才知道她有一些疾病，得天天吃藥，而且可能要一輩子吃下去，好險三腳很乖，不像其他貓咪那麼反抗吃藥。

今年這些事情都讓我覺得，很多事情都在慢慢改變，而我們沒辦法阻止改變，能做的也就只有好好珍惜當下！希望這本書有讓你感受到療癒、快樂，又或者讓你多了一點啟發，讓你去做出更好的改變，最後，謝謝你看了這本書。

黃阿瑪的
後宮生活
Fumeancats

黃阿瑪的後宮生活【怎麼可能忘了你】

作　　者／黃阿瑪；志銘與狸貓		總 編 輯／賈俊國	
攝　　影／志銘與狸貓		副總編輯／蘇士尹	
封面設計／米花映像		編　　輯／高懿萩	
內頁設計／米花映像		行銷企畫／張莉滎‧廖可筠‧蕭羽猜	

發 行 人／何飛鵬
出　　版／布克文化出版事業部
　　　　　台北市中山區民生東路二段 141 號 8 樓
　　　　　電話：(02)2500-7008　傳真：(02)2502-7676
　　　　　Email：sbooker.service@cite.com.tw
發　　行／英屬蓋曼群島商家庭傳媒股份有限公司城邦分公司
　　　　　台北市中山區民生東路二段 141 號 2 樓
　　　　　書虫客服服務專線：(02)2500-7718；2500-7719
　　　　　24 小時傳真專線：(02)2500-1990；2500-1991
　　　　　劃撥帳號：19863813；戶名：書虫股份有限公司
　　　　　讀者服務信箱：service@readingclub.com.tw

香港發行所／城邦（香港）出版集團有限公司
　　　　　香港灣仔駱克道 193 號東超商業中心 1 樓
　　　　　電話：+852-2508-6231　　傳真：+852-2578-9337
　　　　　Email：hkcite@biznetvigator.com
馬新發行所／城邦（馬新）出版集團 Cité (M) Sdn. Bhd.
　　　　　41, Jalan Radin Anum, Bandar Baru Sri Petaling,
　　　　　57000 Kuala Lumpur, Malaysia
　　　　　電話：+603- 9057-8822　　傳真：+603- 9057-6622
　　　　　Email：cite@cite.com.my

印　　刷／卡樂彩色製版印刷有限公司
初　　版／2019 年 02 月
初版 61 刷／2023 年 02 月
售　　價／350 元

城邦讀書花園　**布克文化**
www.cite.com.tw　WWW.SBOOKER.COM.TW